GETTING STARTED
TIMES TABLE PRIMER
Workbook

Thomas J Zeman

ISBN-10: 1542928451
ISBN-13: 978-1542928458

Contents

Multiplication 5
Zero 8
Ones 9
Twos 15
Ones Through Twos 26
Threes 37
Ones Through Threes 48
Fours 59
Ones Through Fours 70
Fives 81
Ones Through Fives 92
Squares One Through Five 108

Instructions

The purpose of this workbook is for the student to commit the times table to both mental and muscle memory, allowing them to easily transition into more advanced math.

MASTER THE TIMES TABLE is designed to be completed over the course of two or three school years, depending on the needs of the student.

GETTING STARTED covers the times table from 1 to 5.

GETTING BETTER covers the times table from 1 to 10.

GAINING MASTERY covers the times table from 11 to 12, and square numbers from 11 to 20.

Multiplication

A Few Quick Facts About Multiplication:

Note: This section is not strictly necessary for younger students, but might be of use to a teacher or parent.

1. 'Factors' are multiplied to get 'products.'

Factors are the numbers you multiple.

The product is just the answer to a mulitplication problem.

2 x 3 = 6

Factors: 2 and 3
Product: 6

2. The 'x' is pronounced 'times.'

2 x 1 is pronounced 'two times one.'

3. The 'x' is a multiplication sign.

The are many ways to write a multiplication sign:

2 x 2: 'eks' or 'cross'

2 * 2: asterisk or dot

(2)2: parentheses of various sorts

2(2)

(2)(2)

This book uses an 'x' for multiplication.

4. The order of the 'factors' does not change the answer.

2 x 4 = 4 x 2 = 8

The product is the same, regardless of order.

5. The order of the factors changes the meaning of a sentence.

2 times 3 means: 3 + 3 = 6

3 times 2 means: 2 + 2 + 2 = 6

So does the order matter? Not really.

The answer is the same in each case. Besides, the point of this book is to teach you to find the answer immediately. You will not be required to show your work.

Still the public schools want all students to know this concept. So just keep in mind that 2 x 3 and 3 x 2 are equal but different.

The Times Table: 1 to 5

x	1	2	3	4	5
1	1	2	3	4	5
2	2	4	6	8	10
3	3	6	9	12	15
4	4	8	12	16	20
5	5	10	15	20	25

Zero

Let's first get zero out of the way: Anything multiplied by zero is zero.

Here are some examples:

1 x 0 = 0

0 x 15 = 0

Now you try one:

3,489,413,404,519,389,450,345 x 0 = ?

Did you find the answer?

It is 0!

This concept is very simple, so we will not spend any time covering it.

Otherwise you would just be sitting there writing 0 all day!

Ones

Exercise 1

1) 2 x 1 =

2) 2 x 1 =

3) 3 x 1 =

4) 1 x 1 =

5) 1 x 1 =

6) 3 x 1 =

7) 5 x 1 =

8) 1 x 1 =

9) 3 x 1 =

10) 4 x 1 =

11) 4 x 1 =

12) 4 x 1 =

13) 5 x 1 =

14) 2 x 1 =

15) 4 x 1 =

16) 5 x 1 =

17) 5 x 1 =

18) 3 x 1 =

19) 4 x 1 =

20) 1 x 1 =

21) 3 x 1 =

22) 5 x 1 =

23) 2 x 1 =

24) 1 x 1 =

25) 2 x 1 =

Score:_____/25

Exercise 2

1) 2 x 1 =

2) 1 x 1 =

3) 1 x 1 =

4) 1 x 1 =

5) 4 x 1 =

6) 3 x 1 =

7) 3 x 1 =

8) 4 x 1 =

9) 4 x 1 =

10) 5 x 1 =

11) 4 x 1 =

12) 1 x 1 =

13) 2 x 1 =

14) 5 x 1 =

15) 3 x 1 =

16) 5 x 1 =

17) 2 x 1 =

18) 2 x 1 =

19) 5 x 1 =

20) 3 x 1 =

21) 4 x 1 =

22) 2 x 1 =

23) 3 x 1 =

24) 5 x 1 =

25) 1 x 1 =

Score:_____/25

Exercise 3

1)   1 x 1 =

2)   1 x 1 =

3)   5 x 1 =

4)   4 x 1 =

5)   3 x 1 =

6)   2 x 1 =

7)   1 x 1 =

8)   4 x 1 =

9)   4 x 1 =

10)   1 x 1 =

11)   5 x 1 =

12)   3 x 1 =

13)   4 x 1 =

14)   5 x 1 =

15)   1 x 1 =

16)   2 x 1 =

17)   2 x 1 =

18)   3 x 1 =

19)   5 x 1 =

20)   5 x 1 =

21)   3 x 1 =

22)   3 x 1 =

23)   2 x 1 =

24)   2 x 1 =

25)   4 x 1 =

Score:_____/25

Exercise 4

1) 3 x 1 =

2) 4 x 1 =

3) 4 x 1 =

4) 1 x 1 =

5) 3 x 1 =

6) 5 x 1 =

7) 5 x 1 =

8) 2 x 1 =

9) 2 x 1 =

10) 1 x 1 =

11) 4 x 1 =

12) 1 x 1 =

13) 5 x 1 =

14) 2 x 1 =

15) 3 x 1 =

16) 1 x 1 =

17) 5 x 1 =

18) 3 x 1 =

19) 4 x 1 =

20) 3 x 1 =

21) 1 x 1 =

22) 5 x 1 =

23) 2 x 1 =

24) 4 x 1 =

25) 2 x 1 =

Score:_____/25

Exercise 5

1) 1 x 1 =   **9)** 5 x 1 =   **17)** 4 x 1 =

2) 5 x 1 =   **10)** 2 x 1 =   **18)** 1 x 1 =

3) 3 x 1 =   **11)** 3 x 1 =   **19)** 4 x 1 =

4) 4 x 1 =   **12)** 4 x 1 =   **20)** 3 x 1 =

5) 1 x 1 =   **13)** 2 x 1 =   **21)** 5 x 1 =

6) 1 x 1 =   **14)** 5 x 1 =   **22)** 4 x 1 =

7) 3 x 1 =   **15)** 3 x 1 =   **23)** 2 x 1 =

8) 1 x 1 =   **16)** 2 x 1 =   **24)** 5 x 1 =

                                                              25) 2 x 1 =

Score:_____/25

Twos

Exercise 6

1)   4 x 2 =   9)   3 x 2 =   17)   1 x 2 =

2)   5 x 2 =   10)   2 x 2 =   18)   3 x 2 =

3)   3 x 2 =   11)   3 x 2 =   19)   1 x 2 =

4)   5 x 2 =   12)   2 x 2 =   20)   2 x 2 =

5)   3 x 2 =   13)   1 x 2 =   21)   5 x 2 =

6)   1 x 2 =   14)   4 x 2 =   22)   5 x 2 =

7)   2 x 2 =   15)   4 x 2 =   23)   2 x 2 =

8)   4 x 2 =   16)   4 x 2 =   24)   5 x 2 =

                                                     25)   1 x 2 =

Score:_____/25

Exercise 7

1) 2 x 2 =

2) 5 x 2 =

3) 5 x 2 =

4) 5 x 2 =

5) 3 x 2 =

6) 4 x 2 =

7) 2 x 2 =

8) 1 x 2 =

9) 3 x 2 =

10) 5 x 2 =

11) 1 x 2 =

12) 4 x 2 =

13) 4 x 2 =

14) 3 x 2 =

15) 1 x 2 =

16) 2 x 2 =

17) 3 x 2 =

18) 1 x 2 =

19) 4 x 2 =

20) 3 x 2 =

21) 2 x 2 =

22) 5 x 2 =

23) 2 x 2 =

24) 1 x 2 =

25) 4 x 2 =

Score:_____/25

Exercise 8

1)   1 x 2 =   **9)**   2 x 2 =   **17)**   4 x 2 =

2)   2 x 2 =   **10)**   2 x 2 =   **18)**   3 x 2 =

3)   5 x 2 =   **11)**   5 x 2 =   **19)**   4 x 2 =

4)   3 x 2 =   **12)**   4 x 2 =   **20)**   3 x 2 =

5)   2 x 2 =   **13)**   1 x 2 =   **21)**   3 x 2 =

6)   4 x 2 =   **14)**   4 x 2 =   **22)**   1 x 2 =

7)   1 x 2 =   **15)**   3 x 2 =   **23)**   2 x 2 =

8)   1 x 2 =   **16)**   5 x 2 =   **24)**   5 x 2 =

                                                                                   25)   5 x 2 =

Score:_____/25

Exercise 9

1) 3 x 2 =

2) 1 x 2 =

3) 1 x 2 =

4) 4 x 2 =

5) 2 x 2 =

6) 4 x 2 =

7) 5 x 2 =

8) 3 x 2 =

9) 4 x 2 =

10) 3 x 2 =

11) 1 x 2 =

12) 4 x 2 =

13) 2 x 2 =

14) 1 x 2 =

15) 5 x 2 =

16) 3 x 2 =

17) 3 x 2 =

18) 2 x 2 =

19) 5 x 2 =

20) 4 x 2 =

21) 2 x 2 =

22) 1 x 2 =

23) 5 x 2 =

24) 2 x 2 =

25) 5 x 2 =

Score:_____/25

Exercise 10

1)   3 x 2 =

2)   2 x 2 =

3)   5 x 2 =

4)   2 x 2 =

5)   3 x 2 =

6)   4 x 2 =

7)   5 x 2 =

8)   5 x 2 =

9)   4 x 2 =

10)   2 x 2 =

11)   5 x 2 =

12)   1 x 2 =

13)   1 x 2 =

14)   4 x 2 =

15)   3 x 2 =

16)   1 x 2 =

17)   1 x 2 =

18)   2 x 2 =

19)   2 x 2 =

20)   4 x 2 =

21)   5 x 2 =

22)   4 x 2 =

23)   1 x 2 =

24)   3 x 2 =

25)   3 x 2 =

Score:_____/25

Exercise 11

1) 3 x 2 =

2) 2 x 2 =

3) 4 x 2 =

4) 3 x 2 =

5) 2 x 2 =

6) 5 x 2 =

7) 3 x 2 =

8) 1 x 2 =

9) 2 x 2 =

10) 1 x 2 =

11) 4 x 2 =

12) 1 x 2 =

13) 5 x 2 =

14) 5 x 2 =

15) 2 x 2 =

16) 5 x 2 =

17) 1 x 2 =

18) 4 x 2 =

19) 1 x 2 =

20) 5 x 2 =

21) 2 x 2 =

22) 3 x 2 =

23) 4 x 2 =

24) 4 x 2 =

25) 3 x 2 =

Score:_____/25

Exercise 12

1) 2 x 2 =

2) 1 x 2 =

3) 5 x 2 =

4) 5 x 2 =

5) 4 x 2 =

6) 3 x 2 =

7) 5 x 2 =

8) 5 x 2 =

9) 4 x 2 =

10) 1 x 2 =

11) 1 x 2 =

12) 4 x 2 =

13) 3 x 2 =

14) 2 x 2 =

15) 3 x 2 =

16) 2 x 2 =

17) 1 x 2 =

18) 1 x 2 =

19) 4 x 2 =

20) 3 x 2 =

21) 2 x 2 =

22) 2 x 2 =

23) 5 x 2 =

24) 4 x 2 =

25) 3 x 2 =

Score:_____ /25

Exercise 13

1) 3 x 2 =

2) 2 x 2 =

3) 4 x 2 =

4) 1 x 2 =

5) 2 x 2 =

6) 1 x 2 =

7) 4 x 2 =

8) 2 x 2 =

9) 1 x 2 =

10) 4 x 2 =

11) 3 x 2 =

12) 5 x 2 =

13) 5 x 2 =

14) 4 x 2 =

15) 4 x 2 =

16) 2 x 2 =

17) 2 x 2 =

18) 5 x 2 =

19) 1 x 2 =

20) 3 x 2 =

21) 3 x 2 =

22) 3 x 2 =

23) 1 x 2 =

24) 5 x 2 =

25) 5 x 2 =

Score:_____ /25

Exercise 14

1) 4 x 2 =

2) 1 x 2 =

3) 2 x 2 =

4) 4 x 2 =

5) 5 x 2 =

6) 3 x 2 =

7) 4 x 2 =

8) 1 x 2 =

9) 1 x 2 =

10) 2 x 2 =

11) 5 x 2 =

12) 3 x 2 =

13) 1 x 2 =

14) 2 x 2 =

15) 2 x 2 =

16) 5 x 2 =

17) 3 x 2 =

18) 3 x 2 =

19) 5 x 2 =

20) 3 x 2 =

21) 1 x 2 =

22) 5 x 2 =

23) 4 x 2 =

24) 2 x 2 =

25) 4 x 2 =

Score:_____/25

Exercise 15

1) 3 x 2 =

2) 2 x 2 =

3) 5 x 2 =

4) 4 x 2 =

5) 1 x 2 =

6) 2 x 2 =

7) 5 x 2 =

8) 3 x 2 =

9) 2 x 2 =

10) 2 x 2 =

11) 4 x 2 =

12) 1 x 2 =

13) 1 x 2 =

14) 4 x 2 =

15) 5 x 2 =

16) 3 x 2 =

17) 3 x 2 =

18) 5 x 2 =

19) 3 x 2 =

20) 2 x 2 =

21) 4 x 2 =

22) 4 x 2 =

23) 5 x 2 =

24) 1 x 2 =

25) 1 x 2 =

Score:_____/25

Ones Through Twos

Exercise 16

1) 3 x 2 =

2) 2 x 2 =

3) 1 x 2 =

4) 5 x 2 =

5) 5 x 2 =

6) 1 x 1 =

7) 4 x 1 =

8) 1 x 1 =

9) 4 x 2 =

10) 1 x 2 =

11) 3 x 1 =

12) 3 x 2 =

13) 2 x 2 =

14) 3 x 2 =

15) 5 x 1 =

16) 2 x 2 =

17) 4 x 1 =

18) 4 x 2 =

19) 4 x 2 =

20) 2 x 1 =

21) 2 x 1 =

22) 3 x 1 =

23) 5 x 2 =

24) 1 x 2 =

25) 5 x 1 =

Score:_____/25

Exercise 17

1) 1 x 2 =

2) 2 x 1 =

3) 4 x 1 =

4) 4 x 2 =

5) 3 x 1 =

6) 3 x 2 =

7) 2 x 2 =

8) 5 x 2 =

9) 1 x 1 =

10) 2 x 2 =

11) 4 x 2 =

12) 4 x 1 =

13) 1 x 1 =

14) 5 x 2 =

15) 1 x 2 =

16) 2 x 1 =

17) 5 x 1 =

18) 3 x 1 =

19) 5 x 2 =

20) 3 x 2 =

21) 1 x 2 =

22) 3 x 2 =

23) 4 x 2 =

24) 5 x 1 =

25) 2 x 2 =

Score:_____/25

Exercise 18

1) 1 x 2 =

2) 5 x 2 =

3) 1 x 1 =

4) 1 x 2 =

5) 5 x 1 =

6) 4 x 1 =

7) 2 x 2 =

8) 3 x 1 =

9) 4 x 2 =

10) 2 x 2 =

11) 1 x 2 =

12) 4 x 2 =

13) 5 x 2 =

14) 3 x 2 =

15) 5 x 1 =

16) 4 x 2 =

17) 1 x 1 =

18) 2 x 1 =

19) 2 x 2 =

20) 4 x 1 =

21) 2 x 1 =

22) 3 x 2 =

23) 3 x 1 =

24) 3 x 2 =

25) 5 x 2 =

Score:_____/25

Exercise 19

1)   1 x 1 =

2)   1 x 2 =

3)   4 x 2 =

4)   5 x 2 =

5)   1 x 2 =

6)   5 x 1 =

7)   4 x 1 =

8)   4 x 2 =

9)   2 x 2 =

10)   5 x 2 =

11)   1 x 1 =

12)   2 x 1 =

13)   3 x 1 =

14)   2 x 2 =

15)   3 x 2 =

16)   3 x 2 =

17)   5 x 2 =

18)   4 x 2 =

19)   2 x 2 =

20)   3 x 1 =

21)   1 x 2 =

22)   3 x 2 =

23)   5 x 1 =

24)   4 x 1 =

25)   2 x 1 =

Score:_____/25

Exercise 20

1) 1 x 2 =

2) 1 x 1 =

3) 3 x 1 =

4) 2 x 2 =

5) 2 x 2 =

6) 2 x 1 =

7) 3 x 2 =

8) 5 x 2 =

9) 2 x 2 =

10) 5 x 2 =

11) 1 x 2 =

12) 2 x 1 =

13) 4 x 2 =

14) 5 x 2 =

15) 5 x 1 =

16) 3 x 2 =

17) 4 x 2 =

18) 1 x 1 =

19) 4 x 2 =

20) 3 x 1 =

21) 3 x 2 =

22) 4 x 1 =

23) 1 x 2 =

24) 4 x 1 =

25) 5 x 1 =

Score:_____/25

Exercise 21

1) 3 x 1 =

2) 1 x 2 =

3) 2 x 1 =

4) 2 x 2 =

5) 1 x 1 =

6) 1 x 2 =

7) 2 x 2 =

8) 3 x 2 =

9) 4 x 2 =

10) 3 x 1 =

11) 5 x 2 =

12) 1 x 2 =

13) 5 x 2 =

14) 2 x 2 =

15) 4 x 1 =

16) 5 x 1 =

17) 2 x 1 =

18) 5 x 1 =

19) 3 x 2 =

20) 1 x 1 =

21) 4 x 2 =

22) 5 x 2 =

23) 3 x 2 =

24) 4 x 1 =

25) 4 x 2 =

Score:_____/25

Exercise 22

1) $4 \times 1 =$

2) $5 \times 1 =$

3) $2 \times 1 =$

4) $3 \times 2 =$

5) $2 \times 2 =$

6) $4 \times 1 =$

7) $4 \times 2 =$

8) $5 \times 2 =$

9) $5 \times 1 =$

10) $1 \times 1 =$

11) $2 \times 1 =$

12) $1 \times 2 =$

13) $1 \times 1 =$

14) $4 \times 2 =$

15) $3 \times 2 =$

16) $5 \times 2 =$

17) $1 \times 2 =$

18) $5 \times 2 =$

19) $3 \times 1 =$

20) $1 \times 2 =$

21) $4 \times 2 =$

22) $2 \times 2 =$

23) $3 \times 2 =$

24) $2 \times 2 =$

25) $3 \times 1 =$

Score:_____/25

Exercise 23

1) $4 \times 1 =$

2) $1 \times 1 =$

3) $5 \times 2 =$

4) $1 \times 2 =$

5) $2 \times 2 =$

6) $1 \times 2 =$

7) $3 \times 2 =$

8) $1 \times 2 =$

9) $1 \times 1 =$

10) $2 \times 1 =$

11) $2 \times 1 =$

12) $4 \times 2 =$

13) $3 \times 1 =$

14) $3 \times 2 =$

15) $2 \times 2 =$

16) $4 \times 2 =$

17) $5 \times 2 =$

18) $4 \times 1 =$

19) $5 \times 2 =$

20) $3 \times 2 =$

21) $3 \times 1 =$

22) $2 \times 2 =$

23) $5 \times 1 =$

24) $4 \times 2 =$

25) $5 \times 1 =$

Score:_____/25

Exercise 24

1) 4 x 1 =

2) 1 x 1 =

3) 5 x 1 =

4) 3 x 1 =

5) 3 x 2 =

6) 5 x 1 =

7) 2 x 2 =

8) 1 x 1 =

9) 2 x 1 =

10) 3 x 1 =

11) 5 x 2 =

12) 2 x 2 =

13) 3 x 2 =

14) 1 x 2 =

15) 4 x 2 =

16) 3 x 2 =

17) 1 x 2 =

18) 2 x 1 =

19) 4 x 1 =

20) 5 x 2 =

21) 4 x 2 =

22) 4 x 2 =

23) 5 x 2 =

24) 1 x 2 =

25) 2 x 2 =

Score:_____/25

Exercise 25

1) 4 x 1 =

2) 2 x 1 =

3) 4 x 2 =

4) 1 x 2 =

5) 3 x 2 =

6) 5 x 1 =

7) 2 x 2 =

8) 2 x 1 =

9) 3 x 2 =

10) 5 x 1 =

11) 2 x 2 =

12) 1 x 2 =

13) 1 x 1 =

14) 1 x 1 =

15) 5 x 2 =

16) 5 x 2 =

17) 2 x 2 =

18) 4 x 1 =

19) 3 x 2 =

20) 3 x 1 =

21) 1 x 2 =

22) 4 x 2 =

23) 3 x 1 =

24) 5 x 2 =

25) 4 x 2 =

Score:_____/25

Threes

Threes

Exercise 26

1) 4 x 3 =

2) 2 x 3 =

3) 1 x 3 =

4) 5 x 3 =

5) 2 x 3 =

6) 4 x 3 =

7) 3 x 3 =

8) 5 x 3 =

9) 5 x 3 =

10) 3 x 3 =

11) 5 x 3 =

12) 1 x 3 =

13) 1 x 3 =

14) 2 x 3 =

15) 3 x 3 =

16) 3 x 3 =

17) 3 x 3 =

18) 4 x 3 =

19) 5 x 3 =

20) 1 x 3 =

21) 2 x 3 =

22) 1 x 3 =

23) 2 x 3 =

24) 4 x 3 =

25) 4 x 3 =

Score:_____/25

Exercise 27

1) 2 x 3 =

2) 3 x 3 =

3) 5 x 3 =

4) 4 x 3 =

5) 3 x 3 =

6) 2 x 3 =

7) 4 x 3 =

8) 1 x 3 =

9) 1 x 3 =

10) 5 x 3 =

11) 3 x 3 =

12) 4 x 3 =

13) 5 x 3 =

14) 3 x 3 =

15) 2 x 3 =

16) 1 x 3 =

17) 1 x 3 =

18) 2 x 3 =

19) 5 x 3 =

20) 4 x 3 =

21) 5 x 3 =

22) 2 x 3 =

23) 3 x 3 =

24) 4 x 3 =

25) 1 x 3 =

Score:_____/25

Exercise 28

1)   5 x 3 =

2)   3 x 3 =

3)   2 x 3 =

4)   2 x 3 =

5)   5 x 3 =

6)   4 x 3 =

7)   1 x 3 =

8)   5 x 3 =

9)   2 x 3 =

10)   4 x 3 =

11)   4 x 3 =

12)   1 x 3 =

13)   3 x 3 =

14)   5 x 3 =

15)   2 x 3 =

16)   3 x 3 =

17)   4 x 3 =

18)   1 x 3 =

19)   5 x 3 =

20)   4 x 3 =

21)   1 x 3 =

22)   3 x 3 =

23)   1 x 3 =

24)   2 x 3 =

25)   3 x 3 =

Score:_____/25

Exercise 29

1) $3 \times 3 =$

2) $1 \times 3 =$

3) $1 \times 3 =$

4) $1 \times 3 =$

5) $5 \times 3 =$

6) $2 \times 3 =$

7) $1 \times 3 =$

8) $5 \times 3 =$

9) $4 \times 3 =$

10) $2 \times 3 =$

11) $4 \times 3 =$

12) $3 \times 3 =$

13) $2 \times 3 =$

14) $4 \times 3 =$

15) $1 \times 3 =$

16) $2 \times 3 =$

17) $4 \times 3 =$

18) $3 \times 3 =$

19) $5 \times 3 =$

20) $3 \times 3 =$

21) $2 \times 3 =$

22) $4 \times 3 =$

23) $5 \times 3 =$

24) $3 \times 3 =$

25) $5 \times 3 =$

Score:_____/25

Exercise 30

1) 2 x 3 =

2) 2 x 3 =

3) 1 x 3 =

4) 4 x 3 =

5) 4 x 3 =

6) 1 x 3 =

7) 2 x 3 =

8) 1 x 3 =

9) 2 x 3 =

10) 4 x 3 =

11) 5 x 3 =

12) 2 x 3 =

13) 1 x 3 =

14) 4 x 3 =

15) 4 x 3 =

16) 1 x 3 =

17) 3 x 3 =

18) 5 x 3 =

19) 5 x 3 =

20) 3 x 3 =

21) 5 x 3 =

22) 3 x 3 =

23) 3 x 3 =

24) 5 x 3 =

25) 3 x 3 =

Score:_____/25

Exercise 31

1) $3 \times 3 =$

2) $5 \times 3 =$

3) $2 \times 3 =$

4) $3 \times 3 =$

5) $4 \times 3 =$

6) $2 \times 3 =$

7) $2 \times 3 =$

8) $1 \times 3 =$

9) $1 \times 3 =$

10) $2 \times 3 =$

11) $4 \times 3 =$

12) $5 \times 3 =$

13) $3 \times 3 =$

14) $3 \times 3 =$

15) $1 \times 3 =$

16) $3 \times 3 =$

17) $4 \times 3 =$

18) $4 \times 3 =$

19) $1 \times 3 =$

20) $5 \times 3 =$

21) $2 \times 3 =$

22) $5 \times 3 =$

23) $1 \times 3 =$

24) $4 \times 3 =$

25) $5 \times 3 =$

Score:_____/25

Exercise 32

1)   1 x 3 =

2)   4 x 3 =

3)   3 x 3 =

4)   5 x 3 =

5)   4 x 3 =

6)   3 x 3 =

7)   5 x 3 =

8)   3 x 3 =

9)   2 x 3 =

10)   4 x 3 =

11)   5 x 3 =

12)   1 x 3 =

13)   2 x 3 =

14)   5 x 3 =

15)   1 x 3 =

16)   2 x 3 =

17)   1 x 3 =

18)   3 x 3 =

19)   1 x 3 =

20)   2 x 3 =

21)   2 x 3 =

22)   4 x 3 =

23)   5 x 3 =

24)   4 x 3 =

25)   3 x 3 =

Score:_____/25

Exercise 33

1) 2 x 3 =

2) 1 x 3 =

3) 5 x 3 =

4) 2 x 3 =

5) 1 x 3 =

6) 1 x 3 =

7) 2 x 3 =

8) 3 x 3 =

9) 4 x 3 =

10) 3 x 3 =

11) 3 x 3 =

12) 3 x 3 =

13) 2 x 3 =

14) 4 x 3 =

15) 5 x 3 =

16) 2 x 3 =

17) 1 x 3 =

18) 4 x 3 =

19) 1 x 3 =

20) 5 x 3 =

21) 4 x 3 =

22) 5 x 3 =

23) 3 x 3 =

24) 4 x 3 =

25) 5 x 3 =

Score:_____/25

Exercise 34

1) 1 x 3 =

2) 1 x 3 =

3) 2 x 3 =

4) 5 x 3 =

5) 5 x 3 =

6) 4 x 3 =

7) 2 x 3 =

8) 3 x 3 =

9) 1 x 3 =

10) 2 x 3 =

11) 3 x 3 =

12) 4 x 3 =

13) 5 x 3 =

14) 3 x 3 =

15) 3 x 3 =

16) 4 x 3 =

17) 1 x 3 =

18) 4 x 3 =

19) 3 x 3 =

20) 2 x 3 =

21) 2 x 3 =

22) 5 x 3 =

23) 1 x 3 =

24) 4 x 3 =

25) 5 x 3 =

Score:_____/25

Exercise 35

1) 4 x 3 =   9) 5 x 3 =   17) 4 x 3 =

2) 3 x 3 =   10) 5 x 3 =   18) 5 x 3 =

3) 5 x 3 =   11) 3 x 3 =   19) 4 x 3 =

4) 3 x 3 =   12) 1 x 3 =   20) 2 x 3 =

5) 4 x 3 =   13) 3 x 3 =   21) 1 x 3 =

6) 1 x 3 =   14) 1 x 3 =   22) 4 x 3 =

7) 2 x 3 =   15) 3 x 3 =   23) 2 x 3 =

8) 5 x 3 =   16) 2 x 3 =   24) 2 x 3 =

                                                             25) 1 x 3 =

Score:_____/25

Ones Through Threes

Exercise 36

1)   2 x 2 =

2)   1 x 2 =

3)   1 x 3 =

4)   1 x 1 =

5)   3 x 3 =

6)   2 x 3 =

7)   4 x 1 =

8)   5 x 2 =

9)   3 x 1 =

10)   4 x 3 =

11)   5 x 1 =

12)   2 x 2 =

13)   4 x 2 =

14)   5 x 3 =

15)   1 x 2 =

16)   4 x 3 =

17)   3 x 2 =

18)   2 x 1 =

19)   1 x 3 =

20)   2 x 3 =

21)   4 x 2 =

22)   5 x 2 =

23)   5 x 3 =

24)   3 x 2 =

25)   3 x 3 =

Score:_____/25

Exercise 37

1) 2 x 1 =

2) 3 x 3 =

3) 1 x 3 =

4) 5 x 2 =

5) 3 x 1 =

6) 5 x 3 =

7) 3 x 3 =

8) 2 x 3 =

9) 3 x 2 =

10) 4 x 1 =

11) 4 x 2 =

12) 5 x 3 =

13) 2 x 2 =

14) 4 x 3 =

15) 4 x 2 =

16) 4 x 3 =

17) 3 x 2 =

18) 1 x 1 =

19) 5 x 1 =

20) 1 x 2 =

21) 2 x 3 =

22) 2 x 2 =

23) 1 x 2 =

24) 1 x 3 =

25) 5 x 2 =

Score:_____/25

Exercise 38

1) 3 x 2 =

2) 2 x 2 =

3) 5 x 2 =

4) 4 x 3 =

5) 2 x 2 =

6) 3 x 2 =

7) 3 x 1 =

8) 3 x 3 =

9) 5 x 3 =

10) 5 x 3 =

11) 5 x 1 =

12) 1 x 3 =

13) 4 x 3 =

14) 1 x 3 =

15) 1 x 2 =

16) 1 x 2 =

17) 4 x 2 =

18) 1 x 1 =

19) 4 x 2 =

20) 4 x 1 =

21) 3 x 3 =

22) 5 x 2 =

23) 2 x 1 =

24) 2 x 3 =

25) 2 x 3 =

Score:_____/25

Exercise 39

1) 4 x 1 =   **9)** 5 x 3 =   **17)** 1 x 3 =

2) 4 x 3 =   **10)** 3 x 3 =   **18)** 1 x 2 =

3) 2 x 2 =   **11)** 5 x 1 =   **19)** 1 x 1 =

4) 3 x 2 =   **12)** 2 x 1 =   **20)** 1 x 3 =

5) 3 x 1 =   **13)** 1 x 2 =   **21)** 5 x 2 =

6) 3 x 2 =   **14)** 2 x 2 =   **22)** 2 x 3 =

                                                                    23) 4 x 2 =

7) 4 x 2 =   **15)** 5 x 2 =

                                                                    24) 5 x 3 =

8) 2 x 3 =   **16)** 3 x 3 =

                                                                    25) 4 x 3 =

Score:_____/25

Exercise 40

1) 5 x 2 =

2) 2 x 3 =

3) 4 x 3 =

4) 4 x 2 =

5) 3 x 2 =

6) 3 x 1 =

7) 2 x 2 =

8) 3 x 3 =

9) 3 x 2 =

10) 2 x 3 =

11) 5 x 1 =

12) 1 x 2 =

13) 1 x 2 =

14) 1 x 3 =

15) 4 x 2 =

16) 5 x 3 =

17) 2 x 1 =

18) 1 x 1 =

19) 4 x 3 =

20) 5 x 3 =

21) 5 x 2 =

22) 4 x 1 =

23) 2 x 2 =

24) 1 x 3 =

25) 3 x 3 =

Score:_____/25

Exercise 41

1) 1 x 3 =

2) 1 x 2 =

3) 5 x 3 =

4) 2 x 2 =

5) 5 x 1 =

6) 4 x 2 =

7) 2 x 1 =

8) 2 x 3 =

9) 3 x 3 =

10) 1 x 2 =

11) 3 x 3 =

12) 1 x 1 =

13) 3 x 2 =

14) 4 x 1 =

15) 1 x 3 =

16) 3 x 2 =

17) 5 x 3 =

18) 5 x 2 =

19) 4 x 3 =

20) 2 x 3 =

21) 4 x 2 =

22) 5 x 2 =

23) 2 x 2 =

24) 3 x 1 =

25) 4 x 3 =

Score:_____/25

Exercise 42

1) $3 \times 3 =$

2) $2 \times 3 =$

3) $1 \times 2 =$

4) $2 \times 1 =$

5) $5 \times 3 =$

6) $5 \times 3 =$

7) $1 \times 2 =$

8) $4 \times 2 =$

9) $4 \times 3 =$

10) $1 \times 3 =$

11) $5 \times 1 =$

12) $3 \times 2 =$

13) $2 \times 3 =$

14) $1 \times 1 =$

15) $1 \times 3 =$

16) $2 \times 2 =$

17) $3 \times 3 =$

18) $3 \times 2 =$

19) $5 \times 2 =$

20) $4 \times 1 =$

21) $5 \times 2 =$

22) $2 \times 2 =$

23) $3 \times 1 =$

24) $4 \times 3 =$

25) $4 \times 2 =$

Score:_____/25

Exercise 43

1) 5 x 3 =

2) 5 x 3 =

3) 1 x 1 =

4) 5 x 1 =

5) 5 x 2 =

6) 2 x 3 =

7) 3 x 2 =

8) 4 x 2 =

9) 4 x 2 =

10) 3 x 2 =

11) 5 x 2 =

12) 3 x 1 =

13) 1 x 3 =

14) 4 x 3 =

15) 1 x 2 =

16) 4 x 1 =

17) 2 x 3 =

18) 1 x 3 =

19) 1 x 2 =

20) 3 x 3 =

21) 2 x 2 =

22) 2 x 1 =

23) 3 x 3 =

24) 4 x 3 =

25) 2 x 2 =

Score:_____/25

Exercise 44

1) $4 \times 3 =$

2) $3 \times 2 =$

3) $2 \times 2 =$

4) $1 \times 3 =$

5) $4 \times 3 =$

6) $1 \times 3 =$

7) $4 \times 1 =$

8) $5 \times 1 =$

9) $2 \times 1 =$

10) $3 \times 3 =$

11) $3 \times 3 =$

12) $4 \times 2 =$

13) $2 \times 3 =$

14) $2 \times 3 =$

15) $5 \times 3 =$

16) $1 \times 2 =$

17) $5 \times 2 =$

18) $3 \times 1 =$

19) $4 \times 2 =$

20) $1 \times 2 =$

21) $1 \times 1 =$

22) $5 \times 3 =$

23) $3 \times 2 =$

24) $5 \times 2 =$

25) $2 \times 2 =$

Score:_____ /25

Exercise 45

1) 2 x 2 =

2) 4 x 1 =

3) 4 x 2 =

4) 2 x 1 =

5) 2 x 3 =

6) 1 x 1 =

7) 5 x 3 =

8) 4 x 2 =

9) 1 x 3 =

10) 1 x 2 =

11) 1 x 2 =

12) 4 x 3 =

13) 3 x 2 =

14) 5 x 2 =

15) 4 x 3 =

16) 5 x 1 =

17) 3 x 2 =

18) 5 x 3 =

19) 1 x 3 =

20) 2 x 2 =

21) 2 x 3 =

22) 3 x 1 =

23) 3 x 3 =

24) 3 x 3 =

25) 5 x 2 =

Score:_____/25

Fours

Exercise 46

1) 5 x 4 =

2) 3 x 4 =

3) 4 x 4 =

4) 3 x 4 =

5) 3 x 4 =

6) 1 x 4 =

7) 5 x 4 =

8) 1 x 4 =

9) 2 x 4 =

10) 1 x 4 =

11) 4 x 4 =

12) 4 x 4 =

13) 1 x 4 =

14) 3 x 4 =

15) 2 x 4 =

16) 5 x 4 =

17) 5 x 4 =

18) 2 x 4 =

19) 2 x 4 =

20) 4 x 4 =

21) 2 x 4 =

22) 4 x 4 =

23) 5 x 4 =

24) 1 x 4 =

25) 3 x 4 =

Score:_____/25

Exercise 47

1) 1 x 4 =

2) 5 x 4 =

3) 1 x 4 =

4) 1 x 4 =

5) 4 x 4 =

6) 3 x 4 =

7) 5 x 4 =

8) 2 x 4 =

9) 2 x 4 =

10) 4 x 4 =

11) 2 x 4 =

12) 1 x 4 =

13) 4 x 4 =

14) 4 x 4 =

15) 3 x 4 =

16) 1 x 4 =

17) 5 x 4 =

18) 3 x 4 =

19) 5 x 4 =

20) 2 x 4 =

21) 5 x 4 =

22) 2 x 4 =

23) 3 x 4 =

24) 4 x 4 =

25) 3 x 4 =

Score:_____/25

Exercise 48

1) 2 x 4 =   9) 3 x 4 =   17) 3 x 4 =

2) 4 x 4 =   10) 1 x 4 =   18) 5 x 4 =

3) 1 x 4 =   11) 1 x 4 =   19) 3 x 4 =

4) 3 x 4 =   12) 5 x 4 =   20) 4 x 4 =

5) 5 x 4 =   13) 4 x 4 =   21) 2 x 4 =

6) 5 x 4 =   14) 4 x 4 =   22) 2 x 4 =

7) 2 x 4 =   15) 3 x 4 =   23) 1 x 4 =

8) 4 x 4 =   16) 5 x 4 =   24) 1 x 4 =

                                                     25) 2 x 4 =

Score:_____/25

Exercise 49

1) 5 x 4 =   9) 5 x 4 =   17) 4 x 4 =

2) 2 x 4 =   10) 3 x 4 =   18) 1 x 4 =

3) 3 x 4 =   11) 3 x 4 =   19) 4 x 4 =

4) 3 x 4 =   12) 5 x 4 =   20) 5 x 4 =

5) 2 x 4 =   13) 4 x 4 =   21) 1 x 4 =

6) 1 x 4 =   14) 4 x 4 =   22) 1 x 4 =

7) 2 x 4 =   15) 3 x 4 =   23) 2 x 4 =

                                          24) 2 x 4 =

8) 5 x 4 =   16) 4 x 4 =   25) 1 x 4 =

Score:_____/25

Exercise 50

1) 2 x 4 =

2) 3 x 4 =

3) 4 x 4 =

4) 5 x 4 =

5) 1 x 4 =

6) 1 x 4 =

7) 2 x 4 =

8) 4 x 4 =

9) 4 x 4 =

10) 2 x 4 =

11) 2 x 4 =

12) 5 x 4 =

13) 1 x 4 =

14) 5 x 4 =

15) 3 x 4 =

16) 1 x 4 =

17) 2 x 4 =

18) 3 x 4 =

19) 1 x 4 =

20) 3 x 4 =

21) 5 x 4 =

22) 5 x 4 =

23) 4 x 4 =

24) 3 x 4 =

25) 4 x 4 =

Score:_____/25

Exercise 51

1) 4 x 4 =

2) 1 x 4 =

3) 5 x 4 =

4) 5 x 4 =

5) 2 x 4 =

6) 2 x 4 =

7) 1 x 4 =

8) 3 x 4 =

9) 4 x 4 =

10) 3 x 4 =

11) 1 x 4 =

12) 2 x 4 =

13) 2 x 4 =

14) 5 x 4 =

15) 3 x 4 =

16) 5 x 4 =

17) 4 x 4 =

18) 3 x 4 =

19) 5 x 4 =

20) 1 x 4 =

21) 4 x 4 =

22) 2 x 4 =

23) 1 x 4 =

24) 3 x 4 =

25) 4 x 4 =

Score:_____/25

Exercise 52

1) $3 \times 4 =$

2) $2 \times 4 =$

3) $4 \times 4 =$

4) $1 \times 4 =$

5) $1 \times 4 =$

6) $4 \times 4 =$

7) $4 \times 4 =$

8) $3 \times 4 =$

9) $5 \times 4 =$

10) $1 \times 4 =$

11) $3 \times 4 =$

12) $5 \times 4 =$

13) $3 \times 4 =$

14) $1 \times 4 =$

15) $3 \times 4 =$

16) $4 \times 4 =$

17) $2 \times 4 =$

18) $2 \times 4 =$

19) $5 \times 4 =$

20) $5 \times 4 =$

21) $2 \times 4 =$

22) $2 \times 4 =$

23) $5 \times 4 =$

24) $4 \times 4 =$

25) $1 \times 4 =$

Score:_____/25

Exercise 53

1) 2 x 4 =

2) 4 x 4 =

3) 5 x 4 =

4) 4 x 4 =

5) 1 x 4 =

6) 2 x 4 =

7) 4 x 4 =

8) 3 x 4 =

9) 5 x 4 =

10) 1 x 4 =

11) 4 x 4 =

12) 3 x 4 =

13) 4 x 4 =

14) 1 x 4 =

15) 5 x 4 =

16) 1 x 4 =

17) 5 x 4 =

18) 3 x 4 =

19) 3 x 4 =

20) 2 x 4 =

21) 2 x 4 =

22) 5 x 4 =

23) 1 x 4 =

24) 3 x 4 =

25) 2 x 4 =

Score:_____/25

Exercise 54

1)   1 x 4 =   9)   4 x 4 =   17)   4 x 4 =

2)   3 x 4 =   10)   3 x 4 =   18)   5 x 4 =

3)   2 x 4 =   11)   3 x 4 =   19)   1 x 4 =

4)   5 x 4 =   12)   2 x 4 =   20)   4 x 4 =

5)   2 x 4 =   13)   5 x 4 =   21)   3 x 4 =

6)   5 x 4 =   14)   3 x 4 =   22)   1 x 4 =

                                                  23)   2 x 4 =

7)   1 x 4 =   15)   4 x 4 =   24)   4 x 4 =

8)   5 x 4 =   16)   1 x 4 =   25)   2 x 4 =

Score:_____/25

Exercise 55

1) 4 x 4 =

2) 2 x 4 =

3) 4 x 4 =

4) 4 x 4 =

5) 3 x 4 =

6) 2 x 4 =

7) 4 x 4 =

8) 5 x 4 =

9) 1 x 4 =

10) 1 x 4 =

11) 2 x 4 =

12) 5 x 4 =

13) 2 x 4 =

14) 1 x 4 =

15) 3 x 4 =

16) 3 x 4 =

17) 3 x 4 =

18) 5 x 4 =

19) 1 x 4 =

20) 5 x 4 =

21) 1 x 4 =

22) 2 x 4 =

23) 3 x 4 =

24) 5 x 4 =

25) 4 x 4 =

Score:_____/25

Ones Through Fours

Exercise 56

1) 2 x 2 =

2) 3 x 4 =

3) 1 x 3 =

4) 5 x 4 =

5) 4 x 2 =

6) 2 x 4 =

7) 2 x 4 =

8) 5 x 1 =

9) 1 x 4 =

10) 4 x 1 =

11) 3 x 2 =

12) 3 x 1 =

13) 5 x 4 =

14) 2 x 1 =

15) 3 x 3 =

16) 5 x 2 =

17) 4 x 3 =

18) 5 x 3 =

19) 1 x 1 =

20) 1 x 2 =

21) 4 x 4 =

22) 1 x 4 =

23) 3 x 4 =

24) 2 x 3 =

25) 4 x 4 =

Score:_____/25

Exercise 57

1)   3 x 4 =

2)   4 x 4 =

3)   2 x 4 =

4)   2 x 3 =

5)   2 x 1 =

6)   3 x 3 =

7)   5 x 4 =

8)   1 x 4 =

9)   1 x 3 =

10)   5 x 1 =

11)   5 x 3 =

12)   4 x 2 =

13)   4 x 4 =

14)   4 x 1 =

15)   1 x 2 =

16)   2 x 4 =

17)   5 x 2 =

18)   5 x 4 =

19)   4 x 3 =

20)   1 x 4 =

21)   2 x 2 =

22)   1 x 1 =

23)   3 x 1 =

24)   3 x 2 =

25)   3 x 4 =

Score:_____/25

Exercise 58

1) 1 x 3 =

2) 3 x 3 =

3) 4 x 4 =

4) 4 x 4 =

5) 5 x 4 =

6) 3 x 4 =

7) 4 x 3 =

8) 5 x 1 =

9) 3 x 4 =

10) 4 x 1 =

11) 1 x 4 =

12) 2 x 4 =

13) 2 x 3 =

14) 1 x 4 =

15) 3 x 1 =

16) 2 x 1 =

17) 5 x 2 =

18) 4 x 2 =

19) 1 x 2 =

20) 5 x 4 =

21) 1 x 1 =

22) 2 x 2 =

23) 2 x 4 =

24) 5 x 3 =

25) 3 x 2 =

Score:_____/25

Exercise 59

1) $4 \times 2 =$

2) $5 \times 4 =$

3) $2 \times 1 =$

4) $1 \times 2 =$

5) $5 \times 4 =$

6) $2 \times 2 =$

7) $2 \times 4 =$

8) $5 \times 1 =$

9) $3 \times 2 =$

10) $2 \times 4 =$

11) $1 \times 4 =$

12) $4 \times 1 =$

13) $3 \times 1 =$

14) $5 \times 3 =$

15) $1 \times 1 =$

16) $2 \times 3 =$

17) $4 \times 4 =$

18) $3 \times 4 =$

19) $3 \times 3 =$

20) $3 \times 4 =$

21) $5 \times 2 =$

22) $4 \times 3 =$

23) $1 \times 4 =$

24) $1 \times 3 =$

25) $4 \times 4 =$

Score:_____/25

Exercise 60

1) 2 x 4 =

2) 2 x 4 =

3) 3 x 2 =

4) 2 x 3 =

5) 1 x 3 =

6) 4 x 3 =

7) 3 x 4 =

8) 5 x 4 =

9) 1 x 1 =

10) 1 x 4 =

11) 5 x 1 =

12) 4 x 4 =

13) 2 x 2 =

14) 5 x 4 =

15) 3 x 3 =

16) 1 x 4 =

17) 4 x 4 =

18) 4 x 1 =

19) 5 x 3 =

20) 3 x 1 =

21) 2 x 1 =

22) 3 x 4 =

23) 4 x 2 =

24) 5 x 2 =

25) 1 x 2 =

Score:_____/25

76

Exercise 61

1) 5 x 1 =   **9)** 5 x 4 =   **17)** 4 x 4 =

2) 2 x 2 =   **10)** 5 x 4 =   **18)** 4 x 1 =

3) 2 x 4 =   **11)** 4 x 3 =   **19)** 3 x 3 =

4) 5 x 2 =   **12)** 3 x 4 =   **20)** 2 x 4 =

5) 3 x 4 =   **13)** 3 x 1 =   **21)** 3 x 2 =

6) 1 x 2 =   **14)** 4 x 4 =   **22)** 1 x 4 =

7) 1 x 1 =   **15)** 4 x 2 =   **23)** 2 x 3 =

8) 1 x 3 =   **16)** 1 x 4 =   **24)** 2 x 1 =

                                                 25) 5 x 3 =

Score:_____/25

Exercise 62

1) 5 x 2 =

2) 1 x 4 =

3) 2 x 2 =

4) 5 x 4 =

5) 5 x 3 =

6) 4 x 4 =

7) 5 x 4 =

8) 3 x 4 =

9) 3 x 2 =

10) 3 x 4 =

11) 2 x 1 =

12) 5 x 1 =

13) 1 x 4 =

14) 4 x 4 =

15) 2 x 4 =

16) 2 x 4 =

17) 4 x 1 =

18) 3 x 1 =

19) 1 x 1 =

20) 2 x 3 =

21) 4 x 3 =

22) 1 x 3 =

23) 4 x 2 =

24) 1 x 2 =

25) 3 x 3 =

Score:_____/25

Exercise 63

1) 1 x 4 =

2) 5 x 4 =

3) 5 x 2 =

4) 3 x 4 =

5) 4 x 2 =

6) 2 x 4 =

7) 5 x 1 =

8) 2 x 3 =

9) 3 x 3 =

10) 3 x 4 =

11) 5 x 4 =

12) 2 x 1 =

13) 4 x 4 =

14) 3 x 1 =

15) 1 x 4 =

16) 5 x 3 =

17) 3 x 2 =

18) 4 x 3 =

19) 4 x 1 =

20) 1 x 2 =

21) 2 x 2 =

22) 4 x 4 =

23) 1 x 1 =

24) 2 x 4 =

25) 1 x 3 =

Score:_____/25

Exercise 64

1) 4 x 4 =

2) 4 x 3 =

3) 3 x 3 =

4) 5 x 4 =

5) 2 x 4 =

6) 1 x 1 =

7) 4 x 1 =

8) 2 x 1 =

9) 3 x 2 =

10) 5 x 3 =

11) 4 x 2 =

12) 2 x 4 =

13) 2 x 2 =

14) 5 x 1 =

15) 1 x 3 =

16) 3 x 1 =

17) 5 x 4 =

18) 1 x 2 =

19) 3 x 4 =

20) 1 x 4 =

21) 5 x 2 =

22) 1 x 4 =

23) 4 x 4 =

24) 3 x 4 =

25) 2 x 3 =

Score:_____/25

Exercise 65

1) $3 \times 4 =$

2) $3 \times 2 =$

3) $3 \times 1 =$

4) $3 \times 3 =$

5) $4 \times 3 =$

6) $4 \times 4 =$

7) $5 \times 3 =$

8) $2 \times 4 =$

9) $3 \times 4 =$

10) $1 \times 4 =$

11) $2 \times 2 =$

12) $5 \times 4 =$

13) $1 \times 2 =$

14) $2 \times 1 =$

15) $4 \times 2 =$

16) $1 \times 1 =$

17) $5 \times 1 =$

18) $5 \times 4 =$

19) $1 \times 3 =$

20) $4 \times 4 =$

21) $1 \times 4 =$

22) $2 \times 3 =$

23) $2 \times 4 =$

24) $4 \times 1 =$

25) $5 \times 2 =$

Score:_____/25

Fives

Exercise 66

1) 3 x 5 =

2) 2 x 5 =

3) 3 x 5 =

4) 5 x 5 =

5) 1 x 5 =

6) 3 x 5 =

7) 1 x 5 =

8) 2 x 5 =

9) 4 x 5 =

10) 5 x 5 =

11) 2 x 5 =

12) 4 x 5 =

13) 4 x 5 =

14) 2 x 5 =

15) 1 x 5 =

16) 5 x 5 =

17) 4 x 5 =

18) 4 x 5 =

19) 3 x 5 =

20) 1 x 5 =

21) 2 x 5 =

22) 5 x 5 =

23) 1 x 5 =

24) 5 x 5 =

25) 3 x 5 =

Score:_____/25

Exercise 67

1) 5 x 5 =

2) 2 x 5 =

3) 4 x 5 =

4) 4 x 5 =

5) 5 x 5 =

6) 4 x 5 =

7) 5 x 5 =

8) 1 x 5 =

9) 5 x 5 =

10) 1 x 5 =

11) 2 x 5 =

12) 2 x 5 =

13) 3 x 5 =

14) 4 x 5 =

15) 3 x 5 =

16) 1 x 5 =

17) 2 x 5 =

18) 3 x 5 =

19) 3 x 5 =

20) 1 x 5 =

21) 5 x 5 =

22) 4 x 5 =

23) 3 x 5 =

24) 1 x 5 =

25) 2 x 5 =

Score:_____/25

Exercise 68

1) $2 \times 5 =$

2) $5 \times 5 =$

3) $5 \times 5 =$

4) $2 \times 5 =$

5) $2 \times 5 =$

6) $3 \times 5 =$

7) $2 \times 5 =$

8) $3 \times 5 =$

9) $4 \times 5 =$

10) $1 \times 5 =$

11) $3 \times 5 =$

12) $4 \times 5 =$

13) $1 \times 5 =$

14) $5 \times 5 =$

15) $3 \times 5 =$

16) $5 \times 5 =$

17) $4 \times 5 =$

18) $1 \times 5 =$

19) $1 \times 5 =$

20) $2 \times 5 =$

21) $4 \times 5 =$

22) $3 \times 5 =$

23) $4 \times 5 =$

24) $1 \times 5 =$

25) $5 \times 5 =$

Score:_____/25

FILES 85

Exercise 69

1) 3 x 5 =

2) 4 x 5 =

3) 3 x 5 =

4) 5 x 5 =

5) 4 x 5 =

6) 4 x 5 =

7) 2 x 5 =

8) 3 x 5 =

9) 5 x 5 =

10) 1 x 5 =

11) 1 x 5 =

12) 1 x 5 =

13) 1 x 5 =

14) 3 x 5 =

15) 3 x 5 =

16) 2 x 5 =

17) 5 x 5 =

18) 2 x 5 =

19) 2 x 5 =

20) 1 x 5 =

21) 2 x 5 =

22) 5 x 5 =

23) 5 x 5 =

24) 4 x 5 =

25) 4 x 5 =

Score:_____/25

Exercise 70

1) 4 x 5 =

2) 4 x 5 =

3) 5 x 5 =

4) 2 x 5 =

5) 3 x 5 =

6) 3 x 5 =

7) 4 x 5 =

8) 2 x 5 =

9) 3 x 5 =

10) 4 x 5 =

11) 5 x 5 =

12) 1 x 5 =

13) 5 x 5 =

14) 2 x 5 =

15) 1 x 5 =

16) 1 x 5 =

17) 1 x 5 =

18) 2 x 5 =

19) 5 x 5 =

20) 4 x 5 =

21) 5 x 5 =

22) 1 x 5 =

23) 2 x 5 =

24) 3 x 5 =

25) 3 x 5 =

Score:_____/25

Exercise 71

1)   1 x 5 =   9)   3 x 5 =   17)   5 x 5 =

2)   5 x 5 =   10)   4 x 5 =   18)   4 x 5 =

3)   2 x 5 =   11)   3 x 5 =   19)   4 x 5 =

4)   1 x 5 =   12)   1 x 5 =   20)   2 x 5 =

5)   4 x 5 =   13)   2 x 5 =   21)   5 x 5 =

6)   4 x 5 =   14)   5 x 5 =   22)   5 x 5 =

7)   2 x 5 =   15)   1 x 5 =   23)   2 x 5 =

                                                               24)   1 x 5 =

8)   3 x 5 =   16)   3 x 5 =   25)   3 x 5 =

Score:_____/25

Exercise 72

1) $2 \times 5 =$

2) $5 \times 5 =$

3) $5 \times 5 =$

4) $4 \times 5 =$

5) $5 \times 5 =$

6) $5 \times 5 =$

7) $1 \times 5 =$

8) $2 \times 5 =$

9) $3 \times 5 =$

10) $1 \times 5 =$

11) $2 \times 5 =$

12) $1 \times 5 =$

13) $3 \times 5 =$

14) $3 \times 5 =$

15) $4 \times 5 =$

16) $4 \times 5 =$

17) $3 \times 5 =$

18) $4 \times 5 =$

19) $1 \times 5 =$

20) $3 \times 5 =$

21) $4 \times 5 =$

22) $5 \times 5 =$

23) $1 \times 5 =$

24) $2 \times 5 =$

25) $2 \times 5 =$

Score:_____ /25

Exercise 73

1) 5 x 5 =

2) 2 x 5 =

3) 1 x 5 =

4) 3 x 5 =

5) 4 x 5 =

6) 3 x 5 =

7) 4 x 5 =

8) 2 x 5 =

9) 5 x 5 =

10) 2 x 5 =

11) 3 x 5 =

12) 1 x 5 =

13) 3 x 5 =

14) 4 x 5 =

15) 5 x 5 =

16) 5 x 5 =

17) 3 x 5 =

18) 2 x 5 =

19) 1 x 5 =

20) 2 x 5 =

21) 1 x 5 =

22) 4 x 5 =

23) 5 x 5 =

24) 4 x 5 =

25) 1 x 5 =

Score:_____/25

Exercise 74

1) $2 \times 5 =$

2) $4 \times 5 =$

3) $2 \times 5 =$

4) $3 \times 5 =$

5) $5 \times 5 =$

6) $3 \times 5 =$

7) $5 \times 5 =$

8) $5 \times 5 =$

9) $5 \times 5 =$

10) $4 \times 5 =$

11) $1 \times 5 =$

12) $1 \times 5 =$

13) $2 \times 5 =$

14) $1 \times 5 =$

15) $4 \times 5 =$

16) $1 \times 5 =$

17) $4 \times 5 =$

18) $3 \times 5 =$

19) $5 \times 5 =$

20) $3 \times 5 =$

21) $2 \times 5 =$

22) $2 \times 5 =$

23) $4 \times 5 =$

24) $3 \times 5 =$

25) $1 \times 5 =$

Score:_____/25

Exercise 75

1) 4 x 5 =

2) 3 x 5 =

3) 3 x 5 =

4) 2 x 5 =

5) 2 x 5 =

6) 1 x 5 =

7) 2 x 5 =

8) 5 x 5 =

9) 1 x 5 =

10) 4 x 5 =

11) 4 x 5 =

12) 4 x 5 =

13) 5 x 5 =

14) 5 x 5 =

15) 3 x 5 =

16) 3 x 5 =

17) 1 x 5 =

18) 5 x 5 =

19) 4 x 5 =

20) 2 x 5 =

21) 3 x 5 =

22) 5 x 5 =

23) 1 x 5 =

24) 2 x 5 =

25) 1 x 5 =

Score:_____/25

Ones Through Fives

Exercise 76

1) 3 x 1 =

2) 1 x 4 =

3) 2 x 2 =

4) 5 x 3 =

5) 1 x 5 =

6) 1 x 2 =

7) 4 x 2 =

8) 3 x 4 =

9) 2 x 4 =

10) 4 x 4 =

11) 4 x 1 =

12) 2 x 5 =

13) 5 x 4 =

14) 3 x 3 =

15) 3 x 5 =

16) 5 x 5 =

17) 4 x 3 =

18) 1 x 1 =

19) 1 x 3 =

20) 5 x 2 =

21) 2 x 1 =

22) 5 x 1 =

23) 2 x 3 =

24) 3 x 2 =

25) 4 x 5 =

Score:_____ /25

Exercise 77

1) 4 x 4 =

2) 1 x 4 =

3) 2 x 4 =

4) 3 x 1 =

5) 1 x 2 =

6) 4 x 3 =

7) 4 x 2 =

8) 5 x 4 =

9) 5 x 1 =

10) 3 x 5 =

11) 3 x 2 =

12) 2 x 5 =

13) 4 x 1 =

14) 1 x 3 =

15) 5 x 2 =

16) 2 x 3 =

17) 3 x 4 =

18) 5 x 3 =

19) 1 x 1 =

20) 2 x 2 =

21) 3 x 3 =

22) 5 x 5 =

23) 4 x 5 =

24) 1 x 5 =

25) 2 x 1 =

Score:_____/25

Exercise 78

1) 2 x 5 =

2) 5 x 2 =

3) 4 x 5 =

4) 1 x 5 =

5) 4 x 2 =

6) 4 x 3 =

7) 1 x 2 =

8) 4 x 1 =

9) 2 x 2 =

10) 2 x 4 =

11) 5 x 4 =

12) 5 x 1 =

13) 3 x 4 =

14) 2 x 3 =

15) 1 x 1 =

16) 3 x 2 =

17) 4 x 4 =

18) 2 x 1 =

19) 5 x 5 =

20) 3 x 5 =

21) 1 x 3 =

22) 3 x 3 =

23) 3 x 1 =

24) 1 x 4 =

25) 5 x 3 =

Score:_____/25

Exercise 79

1) 2 x 5 =

2) 2 x 2 =

3) 1 x 2 =

4) 5 x 2 =

5) 2 x 1 =

6) 5 x 1 =

7) 1 x 4 =

8) 3 x 4 =

9) 4 x 4 =

10) 5 x 3 =

11) 5 x 5 =

12) 3 x 5 =

13) 1 x 5 =

14) 2 x 4 =

15) 4 x 5 =

16) 1 x 1 =

17) 5 x 4 =

18) 4 x 3 =

19) 3 x 1 =

20) 4 x 2 =

21) 2 x 3 =

22) 3 x 3 =

23) 4 x 1 =

24) 1 x 3 =

25) 3 x 2 =

Score:_____/25

Exercise 80

1) 2 x 4 =   9) 4 x 3 =   **17)** 5 x 1 =

2) 3 x 2 =   **10)** 5 x 5 =   **18)** 5 x 2 =

3) 3 x 3 =   **11)** 1 x 3 =   **19)** 4 x 5 =

4) 3 x 5 =   **12)** 3 x 1 =   **20)** 1 x 5 =

5) 1 x 4 =   **13)** 2 x 5 =   **21)** 2 x 3 =

6) 4 x 4 =   **14)** 1 x 1 =   **22)** 2 x 2 =

                                              23) 4 x 1 =

7) 4 x 2 =   **15)** 2 x 1 =   **24)** 1 x 2 =

8) 5 x 4 =   **16)** 3 x 4 =   **25)** 5 x 3 =

Score:_____ /25

Exercise 81

1) $1 \times 2 =$

2) $3 \times 5 =$

3) $5 \times 3 =$

4) $4 \times 5 =$

5) $3 \times 2 =$

6) $4 \times 2 =$

7) $4 \times 4 =$

8) $3 \times 4 =$

9) $1 \times 4 =$

10) $1 \times 5 =$

11) $2 \times 3 =$

12) $5 \times 4 =$

13) $5 \times 1 =$

14) $2 \times 5 =$

15) $3 \times 3 =$

16) $5 \times 2 =$

17) $5 \times 5 =$

18) $1 \times 1 =$

19) $4 \times 1 =$

20) $4 \times 3 =$

21) $2 \times 2 =$

22) $2 \times 1 =$

23) $3 \times 1 =$

24) $1 \times 3 =$

25) $2 \times 4 =$

Score:_____/25

Exercise 82

1) 4 x 1 =

2) 5 x 5 =

3) 3 x 4 =

4) 1 x 1 =

5) 2 x 2 =

6) 3 x 1 =

7) 4 x 5 =

8) 4 x 2 =

9) 4 x 4 =

10) 3 x 2 =

11) 1 x 2 =

12) 3 x 5 =

13) 5 x 4 =

14) 1 x 3 =

15) 5 x 3 =

16) 2 x 3 =

17) 1 x 5 =

18) 1 x 4 =

19) 3 x 3 =

20) 5 x 2 =

21) 2 x 5 =

22) 5 x 1 =

23) 2 x 4 =

24) 4 x 3 =

25) 2 x 1 =

Score:_____/25

Exercise 83

1) 1 x 4 =

2) 1 x 3 =

3) 2 x 4 =

4) 3 x 1 =

5) 4 x 1 =

6) 3 x 2 =

7) 2 x 3 =

8) 5 x 5 =

9) 2 x 2 =

10) 4 x 3 =

11) 1 x 1 =

12) 5 x 2 =

13) 4 x 4 =

14) 5 x 3 =

15) 1 x 2 =

16) 2 x 1 =

17) 3 x 3 =

18) 4 x 5 =

19) 3 x 4 =

20) 5 x 1 =

21) 1 x 5 =

22) 5 x 4 =

23) 4 x 2 =

24) 3 x 5 =

25) 2 x 5 =

Score:_____ /25

Exercise 84

1) $4 \times 5 =$

2) $1 \times 2 =$

3) $1 \times 3 =$

4) $4 \times 4 =$

5) $4 \times 3 =$

6) $2 \times 1 =$

7) $3 \times 5 =$

8) $3 \times 3 =$

9) $4 \times 1 =$

10) $2 \times 5 =$

11) $5 \times 1 =$

12) $1 \times 4 =$

13) $4 \times 2 =$

14) $3 \times 4 =$

15) $2 \times 2 =$

16) $2 \times 4 =$

17) $5 \times 2 =$

18) $1 \times 1 =$

19) $2 \times 3 =$

20) $3 \times 1 =$

21) $3 \times 2 =$

22) $5 \times 5 =$

23) $5 \times 4 =$

24) $1 \times 5 =$

25) $5 \times 3 =$

Score:_____ /25

Exercise 85

1) 4 x 1 =

2) 2 x 5 =

3) 4 x 3 =

4) 5 x 5 =

5) 3 x 2 =

6) 3 x 5 =

7) 1 x 3 =

8) 5 x 2 =

9) 2 x 4 =

10) 2 x 3 =

11) 1 x 2 =

12) 5 x 3 =

13) 3 x 3 =

14) 4 x 2 =

15) 1 x 1 =

16) 2 x 1 =

17) 4 x 5 =

18) 2 x 2 =

19) 3 x 4 =

20) 4 x 4 =

21) 1 x 4 =

22) 5 x 1 =

23) 3 x 1 =

24) 1 x 5 =

25) 5 x 4 =

Score:_____/25

Exercise 86

1) 2 x 2 =

2) 1 x 1 =

3) 3 x 4 =

4) 1 x 2 =

5) 2 x 4 =

6) 1 x 3 =

7) 2 x 5 =

8) 5 x 5 =

9) 2 x 3 =

10) 3 x 3 =

11) 3 x 2 =

12) 2 x 1 =

13) 5 x 4 =

14) 1 x 5 =

15) 1 x 4 =

16) 4 x 1 =

17) 3 x 5 =

18) 3 x 1 =

19) 4 x 4 =

20) 5 x 1 =

21) 4 x 3 =

22) 4 x 2 =

23) 5 x 2 =

24) 4 x 5 =

25) 5 x 3 =

Score:_____/25

Exercise 87

1) 2 x 4 =   **9)** 4 x 2 =   **17)** 3 x 1 =

2) 3 x 4 =   **10)** 4 x 4 =   **18)** 2 x 2 =

3) 5 x 4 =   **11)** 3 x 5 =   **19)** 4 x 1 =

4) 1 x 5 =   **12)** 3 x 3 =   **20)** 1 x 4 =

5) 4 x 5 =   **13)** 5 x 1 =   **21)** 1 x 3 =

6) 1 x 2 =   **14)** 5 x 5 =   **22)** 2 x 1 =

7) 1 x 1 =   **15)** 2 x 3 =   **23)** 5 x 3 =

8) 5 x 2 =   **16)** 2 x 5 =   **24)** 3 x 2 =

                                                     25) 4 x 3 =

Score:_____/25

Exercise 88

1) 2 x 2 =

2) 2 x 5 =

3) 3 x 5 =

4) 4 x 3 =

5) 1 x 2 =

6) 5 x 5 =

7) 3 x 1 =

8) 5 x 3 =

9) 3 x 4 =

10) 5 x 2 =

11) 2 x 3 =

12) 1 x 5 =

13) 1 x 4 =

14) 2 x 1 =

15) 1 x 1 =

16) 2 x 4 =

17) 4 x 4 =

18) 5 x 4 =

19) 4 x 5 =

20) 3 x 2 =

21) 3 x 3 =

22) 5 x 1 =

23) 4 x 1 =

24) 4 x 2 =

25) 1 x 3 =

Score:_____/25

Exercise 89

1) 5 x 2 =

2) 1 x 1 =

3) 4 x 2 =

4) 5 x 5 =

5) 5 x 3 =

6) 3 x 3 =

7) 4 x 1 =

8) 2 x 5 =

9) 4 x 3 =

10) 1 x 4 =

11) 4 x 5 =

12) 1 x 2 =

13) 2 x 1 =

14) 2 x 2 =

15) 1 x 5 =

16) 3 x 5 =

17) 3 x 4 =

18) 3 x 1 =

19) 1 x 3 =

20) 5 x 4 =

21) 4 x 4 =

22) 5 x 1 =

23) 2 x 3 =

24) 2 x 4 =

25) 3 x 2 =

Score:_____/25

Exercise 90

1) $2 \times 2 =$

2) $1 \times 3 =$

3) $5 \times 4 =$

4) $4 \times 4 =$

5) $2 \times 3 =$

6) $4 \times 2 =$

7) $1 \times 4 =$

8) $4 \times 1 =$

9) $2 \times 4 =$

10) $5 \times 2 =$

11) $5 \times 5 =$

12) $2 \times 5 =$

13) $3 \times 1 =$

14) $5 \times 3 =$

15) $1 \times 5 =$

16) $2 \times 1 =$

17) $3 \times 2 =$

18) $3 \times 3 =$

19) $3 \times 4 =$

20) $5 \times 1 =$

21) $4 \times 3 =$

22) $4 \times 5 =$

23) $3 \times 5 =$

24) $1 \times 1 =$

25) $1 \times 2 =$

Score:_____/25

Squares One Through Five

Exercise 91

1) 1 x 1 =

2) 1 x 1 =

3) 2 x 2 =

4) 2 x 2 =

5) 3 x 3 =

6) 3 x 3 =

7) 4 x 4 =

8) 5 x 5 =

9) 2 x 2 =

10) 3 x 3 =

11) 5 x 5 =

12) 4 x 4 =

13) 5 x 5 =

14) 1 x 1 =

15) 4 x 4 =

16) 1 x 1 =

17) 5 x 5 =

18) 3 x 3 =

19) 4 x 4 =

20) 1 x 1 =

21) 2 x 2 =

22) 3 x 3 =

23) 5 x 5 =

24) 2 x 2 =

25) 4 x 4 =

Score:_____/25

Exercise 92

1) 2 x 2 =

2) 2 x 2 =

3) 4 x 4 =

4) 4 x 4 =

5) 1 x 1 =

6) 3 x 3 =

7) 5 x 5 =

8) 3 x 3 =

9) 4 x 4 =

10) 3 x 3 =

11) 1 x 1 =

12) 5 x 5 =

13) 5 x 5 =

14) 5 x 5 =

15) 2 x 2 =

16) 3 x 3 =

17) 1 x 1 =

18) 1 x 1 =

19) 3 x 3 =

20) 2 x 2 =

21) 4 x 4 =

22) 2 x 2 =

23) 4 x 4 =

24) 5 x 5 =

25) 1 x 1 =

Score:_____/25

Exercise 93

1) 5 x 5 =

2) 4 x 4 =

3) 2 x 2 =

4) 5 x 5 =

5) 5 x 5 =

6) 5 x 5 =

7) 3 x 3 =

8) 1 x 1 =

9) 4 x 4 =

10) 2 x 2 =

11) 3 x 3 =

12) 1 x 1 =

13) 5 x 5 =

14) 2 x 2 =

15) 2 x 2 =

16) 2 x 2 =

17) 4 x 4 =

18) 1 x 1 =

19) 1 x 1 =

20) 3 x 3 =

21) 4 x 4 =

22) 3 x 3 =

23) 4 x 4 =

24) 3 x 3 =

25) 1 x 1 =

Score:_____/25

Exercise 94

1) $2 \times 2 =$

2) $5 \times 5 =$

3) $1 \times 1 =$

4) $3 \times 3 =$

5) $3 \times 3 =$

6) $1 \times 1 =$

7) $5 \times 5 =$

8) $5 \times 5 =$

9) $2 \times 2 =$

10) $4 \times 4 =$

11) $4 \times 4 =$

12) $3 \times 3 =$

13) $5 \times 5 =$

14) $1 \times 1 =$

15) $2 \times 2 =$

16) $2 \times 2 =$

17) $4 \times 4 =$

18) $1 \times 1 =$

19) $4 \times 4 =$

20) $3 \times 3 =$

21) $2 \times 2 =$

22) $5 \times 5 =$

23) $1 \times 1 =$

24) $4 \times 4 =$

25) $3 \times 3 =$

Score:_____/25

Exercise 95

1) $4 \times 4 =$ 9) $5 \times 5 =$ 17) $4 \times 4 =$

2) $4 \times 4 =$ 10) $3 \times 3 =$ 18) $1 \times 1 =$

3) $1 \times 1 =$ 11) $2 \times 2 =$ 19) $4 \times 4 =$

4) $2 \times 2 =$ 12) $5 \times 5 =$ 20) $3 \times 3 =$

5) $5 \times 5 =$ 13) $2 \times 2 =$ 21) $3 \times 3 =$

6) $3 \times 3 =$ 14) $5 \times 5 =$ 22) $1 \times 1 =$

                                                    23) $1 \times 1 =$

7) $2 \times 2 =$ 15) $3 \times 3 =$ 24) $5 \times 5 =$

8) $2 \times 2 =$ 16) $4 \times 4 =$ 25) $1 \times 1 =$

Score:_____/25

Exercise 96

1)   4 x 4 =

2)   1 x 1 =

3)   2 x 2 =

4)   2 x 2 =

5)   5 x 5 =

6)   3 x 3 =

7)   5 x 5 =

8)   3 x 3 =

9)   5 x 5 =

10)   4 x 4 =

11)   1 x 1 =

12)   1 x 1 =

13)   4 x 4 =

14)   2 x 2 =

15)   2 x 2 =

16)   1 x 1 =

17)   5 x 5 =

18)   4 x 4 =

19)   5 x 5 =

20)   2 x 2 =

21)   1 x 1 =

22)   4 x 4 =

23)   3 x 3 =

24)   3 x 3 =

25)   3 x 3 =

Score:_____/25

Exercise 97

1) 1 x 1 =

2) 2 x 2 =

3) 4 x 4 =

4) 5 x 5 =

5) 2 x 2 =

6) 2 x 2 =

7) 3 x 3 =

8) 1 x 1 =

9) 2 x 2 =

10) 3 x 3 =

11) 4 x 4 =

12) 2 x 2 =

13) 4 x 4 =

14) 1 x 1 =

15) 5 x 5 =

16) 1 x 1 =

17) 4 x 4 =

18) 3 x 3 =

19) 3 x 3 =

20) 3 x 3 =

21) 5 x 5 =

22) 5 x 5 =

23) 1 x 1 =

24) 4 x 4 =

25) 5 x 5 =

Score:_____/25

Exercise 98

1) 1 x 1 =

2) 4 x 4 =

3) 5 x 5 =

4) 3 x 3 =

5) 1 x 1 =

6) 3 x 3 =

7) 2 x 2 =

8) 4 x 4 =

9) 3 x 3 =

10) 3 x 3 =

11) 5 x 5 =

12) 2 x 2 =

13) 5 x 5 =

14) 5 x 5 =

15) 2 x 2 =

16) 4 x 4 =

17) 4 x 4 =

18) 4 x 4 =

19) 1 x 1 =

20) 2 x 2 =

21) 5 x 5 =

22) 1 x 1 =

23) 3 x 3 =

24) 1 x 1 =

25) 2 x 2 =

Score:_____/25

Exercise 99

1) $3 \times 3 =$

2) $1 \times 1 =$

3) $1 \times 1 =$

4) $4 \times 4 =$

5) $2 \times 2 =$

6) $4 \times 4 =$

7) $5 \times 5 =$

8) $3 \times 3 =$

9) $5 \times 5 =$

10) $5 \times 5 =$

11) $1 \times 1 =$

12) $2 \times 2 =$

13) $1 \times 1 =$

14) $4 \times 4 =$

15) $3 \times 3 =$

16) $3 \times 3 =$

17) $5 \times 5 =$

18) $5 \times 5 =$

19) $4 \times 4 =$

20) $4 \times 4 =$

21) $2 \times 2 =$

22) $2 \times 2 =$

23) $2 \times 2 =$

24) $1 \times 1 =$

25) $3 \times 3 =$

Score:_____ /25

Exercise 100

1) 2 x 2 =

2) 1 x 1 =

3) 4 x 4 =

4) 2 x 2 =

5) 4 x 4 =

6) 1 x 1 =

7) 5 x 5 =

8) 3 x 3 =

9) 4 x 4 =

10) 2 x 2 =

11) 1 x 1 =

12) 5 x 5 =

13) 5 x 5 =

14) 1 x 1 =

15) 3 x 3 =

16) 1 x 1 =

17) 4 x 4 =

18) 2 x 2 =

19) 3 x 3 =

20) 5 x 5 =

21) 3 x 3 =

22) 4 x 4 =

23) 3 x 3 =

24) 2 x 2 =

25) 5 x 5 =

Score:_____/25